上市或再融资环保核查

实用手册

孙福丽　李　喆
张雪飞　崔艳芳　编著

中国环境科学出版社・北京

图书在版编目（CIP）数据

上市或再融资环保核查实用手册/孙福丽等编著. —北京：中国环境科学出版社，2010.5

ISBN 978-7-5111-0286-7

Ⅰ. ①上… Ⅱ. ①孙… Ⅲ. ①上市公司—环境保护—审核—中国—手册 Ⅳ. ①X322.2-62 ②F279.246-62

中国版本图书馆 CIP 数据核字（2010）第 091547 号

责任编辑 周 煜
封面设计 王筱婧

出版发行 中国环境科学出版社
（100062 北京崇文区广渠门内大街 16 号）
网 址：http://www.cesp.com.cn
联系电话：010-67112765（总编室）
发行热线：010-67125803
印 刷 北京东海印刷有限公司
经 销 各地新华书店
版 次 2010 年 5 月第 1 版
印 次 2010 年 5 月第 1 次印刷
开 本 787×1092 1/32
印 张 3.5
字 数 50 千字
定 价 12.00 元

序

对于任何一家企业的发展壮大而言，都期望通过获取长期稳定的融资渠道，进一步开拓市场空间，提升自我管理水平和市场价值。实现上市是企业发展的助推器，支持企业更快速成长。

然而目前我国资本市场环境准入机制尚未成熟，上市公司环保监管依然缺乏，导致某些“双高”企业或利用投资者资金继续扩大污染，或在成功融资后不兑现环保承诺，环境事故与环境违法行为屡屡发生。在国家宏观调控和节能减排政策不断强化的大趋势下，潜伏着较大的资本风险，并在一定程度上转嫁给投资者。

为尽可能降低上市企业给广大股民带来的环境风险，调控社会募集资金投资方向，在冶金、化工、石化、煤炭、火电、建材、造纸等 13 个重污染行业，国家环境保护部开始联合中国证监会等部门严格环保准入门槛，开始逐步开展对上市公司的环境审查。

继 2003 年国家环保总局发布《关于对申请上市的企业和申请再融资的上市企业进行环境保护核查的通

知》，开始尝试将环保设置为公司上市的准入门槛后，2008 年 1 月 9 日，证监会在出台的新规定中增加了证监会受理申请的必备条件之一——环保核查意见。2008 年 2 月 25 日，国家环境保护部正式发布《关于加强上市公司环保监管工作的指导意见》，正式将“绿色证券”制度化，与之前实行的“绿色信贷”和“绿色保险”一起，加上计划中的绿色税收、绿色贸易等，共同构建环境经济政策的综合体系。这一绿色证券的指导意见旨在以上市公司环保核查制度和环境信息披露制度为核心，遏制双高行业过度扩张，防范资本风险，并促进上市公司持续改进环境表现。

将上市公司的环境保护工作纳入环境保护行政主管部门的监管体系，一系列上市公司环保核查工作的开展，逐步规范了上市公司的环境保护相关行为。

可以说，没有环保核查，就拿不到准许上市的通行证。如同进行环境影响评价一样，成为前置的必过关卡。

然而环保核查从构想、探索到制度化，不过 9 年多的时间。对于广大企业来说，还是个相对新鲜的概念。知已知彼，才能百战百胜。只有了解了上市环保核查，在与相关部门和环保核查单位等的沟通中，才能做到顺畅交流，更快更好地完成技术报告的编写，并最终实现核查工作的顺利获批。这也是编著这本书的主要目的。

最后，作为同类企业中的佼佼者，上市公司自然被赋予了更多责任，寄予了更多的期望。因而开展环保核查，不仅是在履行一项法定制度，更是在以此表达企业对上市的信心，对投资者的高度负责以及对我们共同赖以生存的环境和社会负责的坦荡和诚信。

本书无疑是环保核查管理部门、核查技术人员、核查专家以及广大投资者（股民）的一本实用手册。

李恒远

二〇一〇年五月十二日

目　录

第一部分　为什么要进行上市和再融资环保核查

第二部分　上市和再融资环保核查基础知识过关

第三部分 上市和再融资环保核查的主要工作程序及内容

第四部分 上市公司申请环保核查需要提交的材料

第五部分 上市环保核查主要内容详解

第六部分 环保核查技术报告有关要求

第七部分 需要地方环保部门开具的证明文件

第八部分 实际环保核查工作中可能存在问题的处理

第九部分 案 例

附　录

第一部分

为什么要进行上市和再融资环保核查

1．进行上市和再融资环保核查的目的和意义何在？

“上市环保核查”是环境保护部为规范和促进持续改善申请上市的公司和申请再融资的上市公司的环境行为、避免因环境污染问题对投资者带来投资风险的一项环境保护管理程序。

自 2001 年以来，环境保护部开展了重污染行业上市公司的环保核查工作，对促进重污染行业上市公司遵守国家环保法律法规，降低因环境污染带来的环境风险保障投资者（股民）利益等方面发挥了积极作用。

2．我国目前上市和再融资环保核查的现状如何？

据统计，2008 年初至 2009 年底，环保部共受理 150 家申请公司，其中完成核查 112 家，38 家正在核查过程中。已通过核查的 112 家公司中，不能一次通过专家技术审查会的高达60%。

3．上市环保核查通过难的主要原因都有哪些？

环保核查关卡通过难，已是不争的现状。究其原因，一是上市公司不了解核查要求；二是上市公司对核查的具体内容不知道；三是不能很好的配合核查技术单位工作；四是由于公司没有很好的提供环保基础资料，使得核查技术报告在“环评”和“三同时”制度、污染物达标排放、环保设施运行、危险处置或临时堆场、排污口规范化建设”等方面没有表述清楚，影响了项目的进程，更有甚者，影响到项目的审批等。

因此只有充分了解上市环保核查要求，才能与环保部门顺畅沟通，进而又快又好地配合技术单位完成核查报告的编制，并最终实现环保核查的顺利获批。

4．上市和再融资环保核查的都有哪些方面的依据？

上市和再融资环保核查的主要法律、法规和政策依据如下：

（1）《关于对申请上市的企业和申请再融资的上市企业进行环境保护核查的通知》（环发[2003]101 号），国家环境保护总局，2003.06.16；

（2）《关于进一步规范重污染行业生产经营公司申

请上市或再融资环境保护核查工作的通知》（环办[2007]105 号），国家环境保护总局办公厅，2007.8.13；

（3）《首次申请上市或再融资的上市公司环境保护核查工作指南》，国家环境保护总局，2007.09.27；

（4）《关于加强上市公司环境保护监督管理工作的指导意见》（环发[2008]24 号），国家环境保护总局，2008.02.22；

（5）《关于印发〈上市公司环保核查行业分类管理名录〉的通知》（环办函[2008]373 号），环境保护部办公厅函，2008.6.24；

（6）《关于贯彻执行国务院办公厅转发发展改革委等部门关于制止钢铁电解铝水泥行业盲目投资若干意见的紧急通知》（环发[2004]12 号），国家环境保护总局，2004.1.17；

（7）《关于重污染行业生产经营公司 IPO 申请申报文件的通知》(监管函[2008]6 号)，中国证券监督管理委员会，2008.10.12；

（8）《环境信息公开办法（试行）》（国家环境保护总局令 第 35 号），2007.4.11；

（9）中国证监会在其他文件中对上市环保核查的要求。

5. 主要法律法规和政策依据要点是什么？

（1）《关于对申请上市的企业和再融资的上市企业进行环境保护核查的通知》（环发[2003]101 号文）

上市环保核查的目的是为督促重污染行业上市企业认真执行国家环境保护法律、法规和政策，避免上市企业因环境污染问题带来投资风险，调控社会募集资金投资方向。

规定了环保核查的对象是从事冶金等 13 个重污染行业的申请上市的公司或申请再融资的上市公司。对这两类公司分别提出了环保核查要求。

规定了环保核查的申请条件、核查程序，并初步确立了环保部和省级环保部门分级审查机制。

（2）《关于进一步规范重污染行业生产经营公司申请上市或再融资环境保护核查工作的通知》（环办[2007]105 号）

针对上市公司组织结构复杂的特点，规定环保核查范围为申请核查公司的分公司、控股子公司和全资子公司下属的从事环发[2003]101 号文所列重污染行业生产经营的企业。

明确环保部和省级环保部门的分工：按照环发[2003]101 号文和环发[2004]12 号文规定，明确从事火力发电、钢铁、水泥、电解铝行业和跨省从事冶金等其他重污染行业（13 个）生产经营的公司，由环保部负责环保核查。

理清环保核查程序。明确由环保部负责核查的公司，应准备哪些申请材料，向环保部提出核查申请，同时抄送其核查范围内各企业所在省级环保部门。环保部在公司应提交的材料和相关省局文件齐备后，才正式受理核查申请。(最新要求：省局文件需在司务会前提交)

对公示的时段和公示方式做了进一步的阐释，规定“环保部完成核查后统一进行公示，在环保部网站和中国环境报上公示 10 天，同时在相关省级环保局（厅）、企业所在地地级及以上市级环保局的政府网站和地方主要媒体上公示 10 天。（最新要求:在环境保护部和相关省级环保部门政府网站、中国环境报上公示核查情况）

（3）《首次申请上市或再融资的上市公司环境保护核查工作指南》

提出环保核查工作的具体要求，加强对地方环保部门和环保核查技术支持单位的指导。

（4）《关于加强上市公司环境保护监督管理工作的指导意见》（环发[2008]24 号）

进一步完善和加强上市公司环保核查制度，严把上市公司环保核查关口，健全专家审议机制，加强对上市公司以及相关技术单位的培训，拓宽公众参与和社会监督渠道。省级环保部门要加强与证券监管机构的协调配合，建立信息通报机制。

该文件规定了环境部将按照上市公司环境信息通报机制，对未按规定公开环境信息的上市公司名单，及时、准确地通报中国证监会。由中国证监会按照《上市公司信息披露办法》的规定予以处理。

该文件环境保护部将开展上市公司环境绩效评估研究与试点，探索建立上市公司环境绩效评估制度。

该文件各级环保部门将加大对上市公司遵守环保法规的监督检查力度，按照《环境信息公开办法（试行）》，及时向社会公开对上市公司的环境行政处罚情况等信息。

（5）《关于印发〈上市公司环保核查行业分类管理名录〉的通知》（环办函〔2008〕373 号）

进一步细化了环保核查重污染行业分类。

（6）《关于贯彻执行国务院办公厅转发发展改革委等部门关于制止钢铁电解铝水泥行业盲目投资若干意见的紧急通知》（环发[2004]12 号）

该文件提出：“各省、自治区、直辖市环保部门按照（环发[2003]101 号）的规定，对钢铁、电解铝和水泥行业生产企业首次公开发行股票和再融资申请进行环境保护初步核查，并将初步核查意见及建议报我局核定。核定结果在我局网站上公示 10 天，我局结合公示情况提出核查终审意见后函告中国证券监督管理委员会。”

（7）《关于重污染行业生产经营公司 IPO 申请申报文件的通知》(监管函[2008]6 号)

该文件提出的要求是环境保护核查的一个重要转折点——对于重污染行业生产经营公司，中国证监会明确要求将环境保护部门对其的环境保护核查意见作为受理申请的必备条件，即“从事火力发电、钢铁、水泥、电解铝行业和跨省从事其他重污染行业生产经营公司首发申请首次公开发行股票的，申请文件中应当提供国家环保部的核查意见，未取得相关意见的，不受理申请”。

（8）《环境信息公开办法（试行)》（国家环境保护总局令　第 35 号）

规定了政府环境信息公开的范围、方式和程序；

规定了企业环境信息公开的内容、方式和予以的奖励；

建立信息公开考核监督制度。

（9）中国证监会在其他文件中对上市环保核查的要求

《首次公开发行股票并上市管理办法》

第十一条　发行人的生产经营符合法律、行政法规和公司章程的规定，符合国家产业政策。

第二十五条　发行人不得有下列情形：

最近 36 个月内违反工商、税收、土地、环保、海关以及其他法规、行政法规、受到行政处罚，且情节严重；

第四十条　募集资金投资项目应当符合国家产业政策、投资管理、环境保护、土地管理以及其他法律、法规和规章的规定。

《上市公司证券发行管理办法》

第九条　上市公司最近 36 个月内财务会计文件无虚假记录，且不存在下列重大违法行为：违反工商、税收、土地、环保、海关以及其他法规、行政法规、受到行政处罚且情节严重，或者受到刑事处罚；

第十条　上市公司募集资金的数额和使用应当符合下列规定：募集资金用途符合国家产业政策和有关环境保护、土地管理等法律和行政法规的规定；

第四十六条 中国证监会依照下列程序审核发行证券的申请：中国证监会受理后，对申请文件进行初审；环保部门的证明此时提供，紧接着是预披露环节。

《公开发行证券的公司信息披露内容与格式准则第 9 号——首次公开发行股票并上市申请文件（2006 年修

订)》第九章 其他文件：

发行人生产经营和募集资金投资项目符合环境保护要求的证明文件（重污染行业的发行人需提供省级环保部门出具的证明文件)。

《公开发行证券的公司信息披露内容与格式准则第10 号——上市公司公开发行证券申请文件》第五章 关于本次证券发行募集资金运用的文件：

募集资金投资项目的审批、核准或备案文件。

第二部分

上市和再融资环保核查基础知识过关

6．环境影响评价、环境保护竣工验收和上市环保核查有何区别？

上市和再融资环保核查主要是针对上市企业，对企业在一定时间内（核查时段）遵守环境保护法律法规和政策标准情况的核实，与我们熟悉的环境影响评价、环保竣工验收等相比，应该是对企业环境保护工作的整体考核，是对企业环保行为的全过程核查。三者之间的关系如图 2-1。

7．上市和再融资环保核查有什么特点？

（1）涉及公司内部的企业多

上市公司会包含很多企业，其中属于环保核查范围（现有分公司、全资子公司和控股子公司及募集资金投向包括重污染行业生产经营企业）的也通常会有几个到几十个不等的企业。

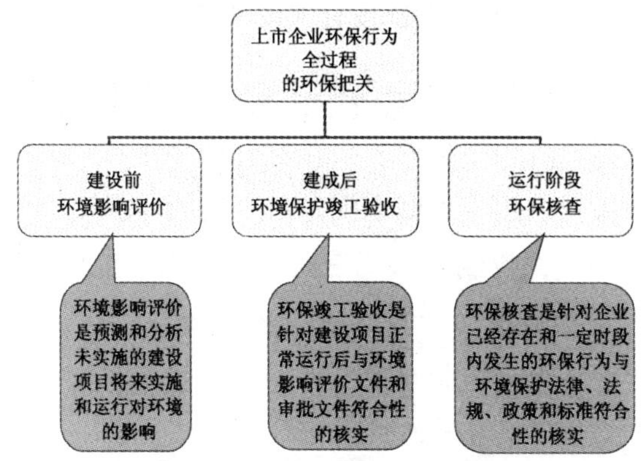

图 2-1　环境影响评价、环境保护竣工验收和上市环保核查的主要区别

因此通过一次性核查要对多家企业的环保行为进行全面、合理的判断，不论是现场还是后续的数据整理和报告编制工作量都很大。

（2）涉及范围广

上市公司所辖企业涉及的地域范围大。大部分上市公司所辖企业是跨地市的，还有一些大型企业甚至是跨省的。

涉及民众广。上市公司上市的承载体是全国的股民。

（3）针对的是企业行为

上市和再融资环保核查关注的是企业的环保行为。

8. 上市和再融资环保核查有何现实作用?

（1）规范了上市公司的环境保护工作相关行为

在核查过程中，通常会发现有些企业，尤其是老企业对环境保护工作不够重视，对主要的环保法律制度如“环境影响评价制度”、“三同时制度”、“监测制度”、“排污申报制度”、“排污许可证制度”、“排污收费制度”、“排污总量控制制度”、“限期治理制度”、“公众参与制度”执行情况不理想。

（2）企业根据环保管理制度要求及时进行整改，规范其环保工作，强化了环境保护行政主管部门对上市公司环境保护工作的监管

上市环保核查要求企业提供许多材料如排污许可证、排污交费情况、守法证明等，督促企业通过补办手续，开具证明材料等过程，将企业纳入环境保护行政主管部门的监管体系。

（3）充分发挥了环境保护中介机构的技术优势，为企业的环境保护工作提供技术支持

针对环保核查工作发现的问题，技术报告编制单位根据自己的专业特长，提出相应的整改措施和方案，帮助企业解决环保工作中的实际问题。

（4）促进了相关环境保护措施的落实

很多企业通过上市环保核查，认识到过去的环保欠账并积极进行偿还，为了顺利通过上市环保核查，对技术编制单位提出的环保要求进行了落实，强化了企业的环境保护管理和环保措施的落实。

9．什么类型企业上市和再融资需要进行环保核查？

核查企业的范围为：（1）申请环保核查公司的分公司、全资子公司和控股子公司下辖的从事环发〔2003〕101 号文件所列重污染行业生产经营的企业和利用募集资金从事重污染行业的生产经营企业。

（2）13 个重污染行业：从事冶金、化工、石化、煤炭、火电、建材、造纸、酿造、制药、发酵、纺织、制革和采矿业公司（重污染行业的分类见《关于印发〈上市公司环保核查行业分类管理名录〉的通知》（环办函〔2008〕373 号））。

10．上市和再融资环保核查时段如何计算？

对申请上市的公司进行环保核查的时段为申请上市环保核查前连续 36 个月。对申请再融资的上市公司，如属首次进行环保核查的，核查时段为申请环保核查前连续 36 个月；属再次进行环保核查的，核查时段应按接续上一次环保核查时段确定。

11．通过上市环保核查的公司同一日历年度内因再融资再次申请环保核查的情况，是否需要再次编制技术报告？

通过上市环保核查的公司，在通过核查的同一日历年度内因再融资再次申请环保核查的，可不再委托第三方编制技术报告，由公司自行补充提交相关证明材料。

12．初次申请上市和再融资环保核查包括哪些方面基本内容？

对于初次申请上市企业来说，其环保核查工作应包括 12 个方面的基本内容。具体为“环境影响评价”和“三同时”制度、排污申报登记与排污许可证、企业单位主要产品主要污染物排放量（产污强度）、主要污染物总量控制、污染物排放、工业固体废物处置和危险废物、环保设施运行情况、不使用违禁物质与符合产业政策情况、企业环境管理、环境纠纷及环境污染事故、清洁生产审核及验收和重金属污染物排放。

13．对于申请再融资环保核查包括哪些方面基本内容？

对于申请再融资的上市企业来说，除了第 12 条所含内容外，还包括募集资金投向不造成现实的和潜在的环境影响；募集资金投向有利于改善环境质量；募集资金投向不属于国家命令淘汰落后生产能力、工艺和产品，有利于促进产业机构调整。

14．再次申请上市或再融资环保核查基本内容都有什么？

对于再次申请环保核查的企业来说，除了第 12、13 条核查内容外，还包括上次核查遗留下来的整改情况。

15．何种环保核查文件需要环境保护部有关部门审批？

环境保护部审批范围：从事火力发电、钢铁、水泥、电解铝行业的公司和跨省从事冶金、化工、石化、煤炭、火电、建材、造纸、酿造、制药、发酵、纺织、制革和采矿业的公司。

16．省级环境保护行政主管部门受理及审查工作程序如何？

（1）省级环境保护行政主管部门自受理企业核查申请之日起，于 30 个工作日内组织有关专家或委托有关机构对申请上市的企业和申请再融资的上市企业所提供的材料进行审查和现场核查；

（2）将核查结果在有关新闻媒体上公示 10 天；

（3）结合公示情况提出核查意见及建议，以函的形式报送中国证券监督管理委员会，并抄报环境保护部。

17. 环境保护部受理及审查工作程序如何?

（1）受理核查申请；

（2）组织专家初审；

（3）技术审查会审查；

（4）司务会审议；

（5）签报、公示10天（同时，征求部内相关司局意见）；

（6）签报、部常务会审议；

（7）核查意见函告中国证监会，抄送相关省级环保行政部门和申请公司；

（8）工作时间为 60 工作日，且申请企业向环保部报道材料时间与核查时候最终截止时间差应小于6个月。

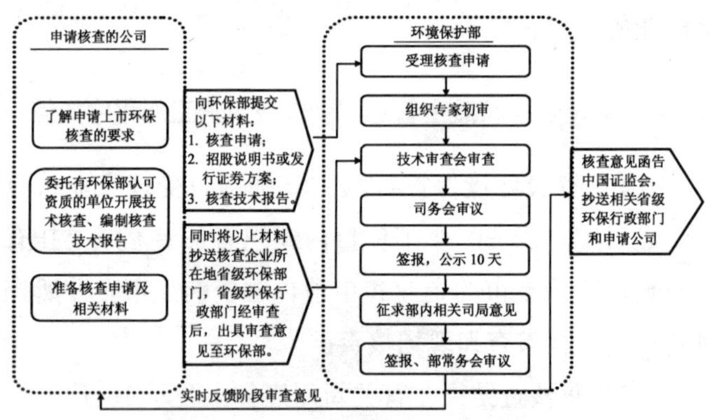

图 2-2　环境保护部审查工作程序图

第三部分

上市和再融资环保核查主要工作程序及内容

18．上市和再融资环保核查的主要工作程序及其具体内容是什么？

上市和再融资环保核查工作可分为五个阶段：前期阶段、准备阶段、核查阶段、报告编制阶段和完成阶段。每一步包含具体工作内容如图 3-1 所示。

19．企业上市和再融资环保核查前期阶段应进行哪些工作？

公司应详细了解有关上市环保核查的文件要求。公司拟首发或再融资需经环境保护部环保核查的，应及时开展环保核查工作。

20．企业上市和再融资环保核查应做好哪些准备工作？

应根据环境保护部有关规定，委托环境保护部认可资质的技术核查单位开展核查工作、编制核查技术报告。

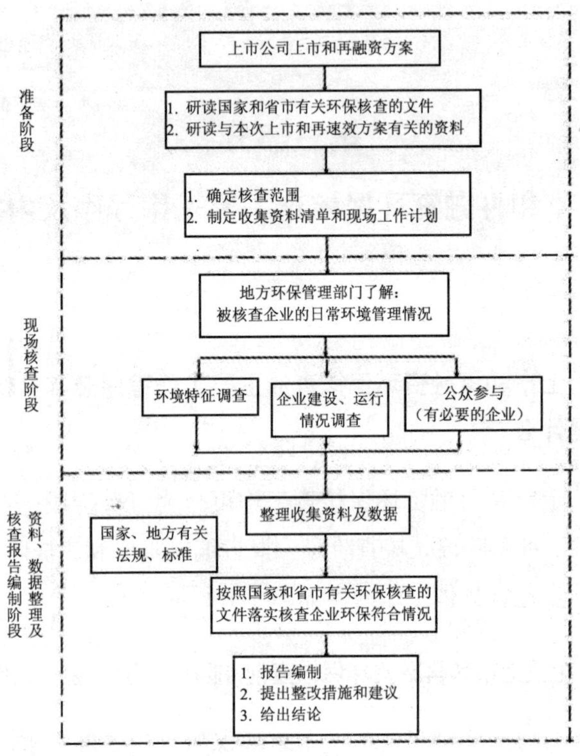

图 3-1　上市和再融资环保核查主要工作程序及内容

通过上市环保核查的公司，在通过核查的同一日历年度内因再融资再次申请环保核查的，可不再委托第三方编制技术报告，由公司自行补充提交相关证明材料。

21. 技术核查单位上市和再融资环保核查应做好哪些准备工作？

了解上市企业的基本情况，掌握核查工作的工作量，此前是否开展环保核查，向上市公司解释环保核查的工作程序和核查内容。

22. 现场核查包括哪些工作环节？

——现场核查前的准备工作

——现场核查（关键阶段）

——数据整理及核查报告编制

23. 技术核查单位需要进行哪些现场核查准备工作？

（1）给企业提供一份相对全面的核查内容清单，进行必要的技术准备。

了解核查企业涉及行业的产业政策和环保要求，特别是行业限制类的规模、技术工艺；《建设项目环境影响评价文件分级审批规定》2009年环保部5号令，对环评分级审批的要求；核查企业分布区域是否涉及敏感地区，如果涉及敏感地区需要提前了解相关要求，提前了解核查企业涉及行业的污染特征、主要环境问题。

（2）编写核查资料清单。

（3）制定现场核查需要查看的内容清单。

24. 现场核查所需资料清单包括哪些内容？

（1）企业法人营业执照复印件；

（2）企业基本情况表（包括企业名称、地理位置、主营业务、主要产品、生产规模、投产日期、与总公司关系）；

（3）所核查的企业（建设项目）环评批复文件、竣工验收批复文件；

（4）企业环评报告书、竣工验收报告；

（5）厂区平面图，生产工艺简述或图示，生产过程中使用的原料、辅料、产品和副产品清单；

（6）投产及在建企业生产设施与环保设施建设情况：环保核查企业生产设施与环保设施建设清单表（企业名称、生产设施、环保设施建设情况）；

（7）环境保护主管部门证明企业满足下达的主要污染物总量控制要求的文件（市级及以上）；

（8）环境保护部门对企业的COD和SO_2两项主要污染物总量减排的要求文件（市级及以上）；污染物总量减排工程措施（未被分配COD和SO_2两项主要污染物总量减排任务的企业除外）；

（9）排污申报登记文件、排污许可证（三年内）、排污费缴纳收据（三年）；

（10）企业环境管理机构、企业环境管理制度和环保档案管理；

（11）环境风险应急预案。

25．企业应如何准备现场核查工作？

（1）根据技术核查单位提供的“核查资料清单”，进行准备，要提供判断完全满足核查要求的原始资料，而不是由企业自己编写的结果。

（2）依据技术单位提供的“现场核查需要查看的内容清单”，做现场核查安排。

26．技术核查单位需要进行哪些现场核查工作？

（1）参与座谈会，听取核查技术单位介绍核查企业基本情况。

企业历史发展沿革及变迁；

现有生产线的建设过程，重要时间节点；

目前生产经营情况（需要企业提供生产工艺流程、核查时段内的原辅料消耗量和主副产品量、主要生产设备清单）；

企业发展计划，在建、拟建项目；

目前的环保措施和核查期间环保方面的技术改造和

环保投入；

企业周围是否有水源地、自然保护区，风景名胜区等敏感目标，必要时提供敏感目标与厂区的关系图；

目前是否存在环境问题或纠纷，了解事件的过程和目前的情况解决；

对再融资企业需要了解上轮开展环保核查情况，以及企业对存在问题的整改承诺。

（2）现场查看：根据事先制定的现场查看内容清单，配合技术单位做好现场核查工作。核查各条生产线环评报告、批复文件和竣工验收批复文件中提出的环保要求的落实情况，现场拍照。

（3）到地方环保部门了解核查企业的日常管理情况。

（4）现场整改：技术核查单位通过现场核查和资料收集，对现场发现企业存在的问题，要及时提出整改建议，并与企业协商，确定这些问题的整改方案。

提供的资料不符合要求的提出补充收集要求和清单。

27. 企业需要配合进行哪些现场核查工作？

（1）召开座谈会并向核查技术单位介绍企业基本情况；

（2）提交资料：按照此前提供的资料清单提交相关资料，同时需要提交核查期内企业的基本生产经营情况的书面材料。

（3）根据现场发现的问题，配合确定整改方案并尽快落实整改；

（4）按照“补充资料清单”尽快提交资料。

28. 技术核查单位报告编制阶段需要注意什么？

技术核查单位应对现场核查中发现的问题提出建议：根据收集资料和现场查看情况，编写技术核查报告初稿，按照“技术指南”要求，对企业情况进行核查，发现核查企业存在环保的问题，与企业协商提出整改意见和建议。

29. 企业在报告编制阶段需要配合进行哪些工作？

（1）制定整改方案：根据技术核查单位发现的问题和整改建议，制定具有可行性和可操作性的整改方案，整改方案的内容包括：整改技术方案、配套资金及落实情况、完成时间表。需要第三方完成的，应与第三方签订工作协议或合同。

（2）企业必须完成的整改内容：超过相关法律法规规定时限尚未完成的内容应在核查期间补充完成。

30. 技术核查单位在核查报告完成阶段需要进行的工作？

根据企业整改情况，最终完成核查技术报告。

31. 企业在核查报告完成阶段需要进行的工作？

公司向环境保护行政管理部门提出核查申请，同时提交核查技术报告、待报中国证监会的招股说明书或发行证券方案等。

核查申请应以公司正式文件提出，简要说明公司的发展历史沿革、主管业务及规模、所属企业情况、融资的性质（IPO 或再融资）、拟募集资金用途及数额、核查时段内环保投入情况和重大环保事件、公司地址、联系人和联系方式等。报环保部审批的企业提交的申请中明确抄送的各省级环保部门。

申请文件、技术报告应与最终报中国证监会的招股说明书或发行方案中的上市规范相同。如发生变化，应向环保部门进行说明；有较大变化的，应重新进行核查。

由环保部负责审批的核查项目，公司在向环境保护部提出核查申请并提交核查材料的同时，应将该申请和材料抄送核查范围内企业所在地省级环保行政主管部门。

相关省级环保行政主管部门收到核查申请和材料后，结合日常监管情况对相关企业进行核查，并出具审查意见，以公文交换渠道送达环境保护部。

第四部分

上市公司申请环保核查需要提交的材料

32．由环境保护部负责审批的环保核查项目应提交哪些申请材料？

凡是属于环境保护部负责审批的申请上市公司和申请再融资上市公司应向环保部提交以下申请材料：

（1）申请环保核查的请示；

（2）申请上市或再融资的上市公司环境保护技术报告（以下简称“技术报告”）；

（3）报中国证监会待批准的招股说明书或上市公司公开发行证券方案；

（4）证明符合环发[2003]101 号文件规定的有关资料及环保部认为必要的其他材料。

注：需经环境保护部环保核查的，在向环境保护部提出核查申请并提交核查材料的同时，应将申请和材料抄送核查范围内企业所在地省级环保行政主管部门，省

级环保行政主管部门应出具审查意见。

33. 由省级环保行政主管部门负责审批的环保核查项目应提交哪些申请材料？

凡是属于省级环保行政主管部门负责审批的申请上市公司和申请再融资上市公司应向省级环保部门提交以下申请材料：

（1）企业（含本企业紧密型成员单位）基本情况；

（2）报中国证券监督管理委员会待批准的上市方案或再融资方案；

（3）相关证明文件；

（4）企业登记所在地省级环保行政主管部门要求的其他有关材料。

第五部分

上市环保核查主要内容详解

34. 上市公司（含募集资金投向项目）环保核查主要有哪些方面？

（1）“环境影响评价”和“三同时”制度；（2）排污申报登记与排污许可证；（3）企业单位主要产品主要污染物排放量（产污强度）；（4）主要污染物总量控制；（5）污染物排放；（6）工业固体废物和危险废物安全处置；（7）环保设施运行情况；（8）不使用违禁物质与符合产业政策情况；（9）企业环境管理；（10）环境纠纷及环境污染事故；（11）清洁生产审核及验收；（12）重金属污染物排放。

35. 核查“环境影响评价”和“三同时”制度应考虑哪些方面？

（1）申请核查的企业应达到的要求：新、改、扩建工程“环境影响评价”和“三同时”执行率 100%，并经环保行政主管部门验收批复。

在核查时段之前存在未依法执行环境影响评价和“三同时”竣工验收的违法行为，除如实反映该违法情况外，企业应按照环境保护管理的要求，向企业所在地市级以上环保行政管理部门申请进行环保调查和验收。

核查时段内项目没依法履行环评审批或“三同时”验收制度的，企业应立即履行相关环境保护管理程序。

（2）企业配合技术核查单位对从事生产经营的实体逐一进行核查，查阅环评报告、环评批文、竣工验收报告、竣工验收批复中载明的环境保护要求，并核查落实情况。

新、改、扩建设项目依法执行环评审批和“三同时”竣工验收手续（附环评批复文件和竣工验收批准文件）。

核查环境影响报告书（表）和环保审批文件中规定的环境监测计划和其他环保要求的执行情况（以列表的方式，按环境介质逐一列出环境监测内容、及其他环保要求，根据现场核查结果说明执行情况）。

存在未执行环评制度的，应详细说明实际情况，并履行补办审批手续。

存在未依法进行“三同时”竣工验收的，申请核查的企业应立即与有关环境保护主管部门申请组织环境保护竣工验收。

对于未按要求开展环境监测的，应提出整改实施方案，并按规定补作监测。申请核查的企业还应承诺一旦申请上市或再融资成功，将按年度向社会公布环境监测信息。

36. 核查排污申报登记与排污许可证应考虑哪些方面？

（1）申请核查的企业应达到的要求：依法进行排污申报登记并领取排污许可证，达到排污许可证的要求。按规定缴纳排污费。

（2）从事生产经营的下属各企业配合技术核查单位查阅排污申报登记表、当地环保主管部门颁发的排污许可证明以及环保主管部门发出的缴费通知单和缴费收据。

核查时段内企业报送环保主管部门的排污申报登记表中污染物排放情况；

当地环保部门向企业颁发的排污许可证中规定的主要污染物排放许可；

企业出示的有效的污染源监测数据，以及满足排污许可的情况；

依法缴纳排污费的情况；

企业所在地未实行排污许可和申报登记的应予以

说明。

37. 核查企业单位主要产品主要污染物排放水平和排放量应考虑哪些方面？

（1）申请核查的企业应达到下列要求：达到国内同行业先进水平。

（2）企业配合技术核查单位说明各企业单位主要产品主要污染物排放情况。

38. 核查主要污染物总量应考虑哪些方面？

（1）申请核查的企业应达到下列要求：环境保护部门对企业的 COD 和 SO_2 两项主要污染物总量减排的要求得到落实。完成各级环保部门给企业下达的其它污染物总量指标。

（2）逐一了解从事生产经营的企业是否是主要污染物减排对象，对于属于减排对象的企业，逐一载明：

环境保护部门对企业的 COD 和 SO_2 两项主要污染物总量减排的要求（附当地环保主管部门下达的减排任务通知书）；

企业落实主要污染物总量减排的情况，附污染物总量减排工程措施。

如果没有总量减排任务，应由地方环保行政主管部门出具相关证明。

39. 核查主要污染物的排放包括哪些内容？

（1）申请核查的企业应达到下列要求：污染物排放稳定达到国家或地方规定的排放标准。

（2）逐一核查污染源的位置及配备的相关设施，并查阅有法律效力的环境监测报告。

污染源设置的规范化以及是否按照要求安装自动监控系统；

依据所在地地市级以上环境监测部门的定期监测报告、在线监测数据、验收监测数据，分年度评价核查时段的各污染源排放达标情况；

排放设施不规范、环保设施运转但不能稳定达标的情况，应详细说明原因、以及目前是否已经采取了工程措施；未采取措施的，申请核查的企业应该制定整改方案；正在实施整改措施的，应说明进展情况。

40. 核查工业固体废物和危险废物安全处置应考虑哪些方面？

（1）申请核查的企业应达到下列要求：工业固体废物和危险废物依法无害化处置达到100%。

（2）企业配合技术核查单位按类别进行固废核查，

包括：现场核查临时和永久贮存设施是否符合有关标准的要求、应配套的环保设施是否完备及运行情况，查阅有关废物综合利用和转移的记载；准确地说明废物的最终去向。

核查一般工业固体废物和危险废物的类型、数量、贮存、运输和处理处置方法。属于综合利用的，应说明综合利用的方式；

配备填埋场的，应说明填埋场配套环保设施完备情况和使用情况；

有焚烧处理装置的，应说明焚烧处理装置的合法性（并附相关证明材料）和尾气处理设施运行情况；

对于有控制距离要求的固废处置设施，应说明周边的环境条件，并确认是否符合相关环保标准的要求；

场内使用临时贮存设施的，确认是否符合相关标准的要求；

产生危险废物而又不具备自行处置能力的企业，附接收危险废物单位的相关资质证明、危险废物转移联单；

对不符合环境保护要求的处置方式，立即整改，并附整改措施或方案。

41．核查环保设施运行状况应考虑哪些方面？

（1）申请核查的企业应达到下列要求：环保设施稳定运转率达到95%以上。

（2）技术核查单位逐一进行现场核查，并应确认现场核查期间各生产经营企业环境保护设施是否处于正常运行状态。如有环保设施存在停运、闲置的现象，核查技术单位应向申请核查的企业了解具体情况。

根据核查时段内环保设施的运行、维修记录，现场确认环保设施的完备并与生产设施同时正常运行；

核查环保设施的工艺、设计和实际处理能力、设计和实际处理效率；确认环保设施处于稳定运行、达标排放状态；

对于环保设施不能正常运转，或未能达到设计要求的，应详细说明原因、以及正在采取的工程措施、效果等。

42．核查违禁物质的使用与产业政策的符合性应考虑哪些方面？

（1）申请核查的企业应达到下列要求：产品、副产品及生产过程中不含有或使用法律法规和国际公约禁用的物质，使用的工艺、设施等符合国家的产业政策和环保政策要求。

（2）查阅从事生产经营的企业在生产过程中使用的原料、辅料、产品和副产品清单，确认不含有或未使用国家法律、法规、标准中禁用的物质，以及我国签署的国际公约中禁用的物质。进行现场核查，确认现有使用的工艺、运行的生产设施是否有属于国家明令取缔或淘汰的工艺、装置。

专门说明融资投向项目（包括在建项目）与现行环境保护法律法规、政策等相关环保要求的相符性。

43．企业环境管理的核查应包括哪些方面的内容？

（1）申请核查的企业应达到下列要求：有健全的企业环境管理机构和管理制度。

（2）查阅企业的组织机构架构图，确认企业环境管理机构在企业中的地位和作用，以及配置的人力资源；对于使用、生产、加工、贮存危险化学品的企业，应补充环境风险管理与应急预案的核查。

核查企业环境管理机构、企业环境管理制度和环保档案管理情况。

对于涉及危险化学品的企业，应说明重大危险源及分布，环境风险管理与事故应急响应机制，应确认有环境事故应急预案、相应的应急设施和装备；说明在环保核查时段内重大环境风险事故及处理情况。

对于环境管理机构、环境管理制度、环保档案不完备的，应提出整改措施。

应急预案、应急设施和装备未满足要求的受核查企业应提出整改措施和方案。

44. 环境纠纷及环境污染事故的核查应包括哪些方面的内容？

（1）申请核查的企业应达到下列要求：模范遵守环境保护的法律法规，核查时段内没有发生重大环境污染事故。

（2）查阅企业的有关环保档案材料、说明核查企业是否受过环保行政处罚、是否发生过环境纠纷、以及发生过针对企业的环保诉求信访或上访，是否发生过环境污染事故，以及其他环保违法违规行为；对出现上述违法违规情况者，应对投诉内容、调查部门、调查情况、解决情况等详细介绍，并附调查部门的处理文件。如发生过污染事故，应详细介绍事故的具体情况（包括整改情况）、是否引发环境污染事故，以及事故处理部门的定论（附正式文件）等。

45. 如何核查清洁生产审核及验收情况？

（1）申请核查的企业应达到下列要求：定期开展清洁生产审核并通过环保部门的评估验收。

（2）查阅有关清洁生产审核材料并进行现场核实，说明各企业实施清洁生产审核及验收情况，并附相关材料。

46. 重金属污染物排放的核查应包括哪些方面的内容？

（1）申请核查的企业应达到下列要求：重金属污染物排放企业应认真贯彻落实国务院办公厅转发的《关于加强重金属污染防治工作的指导意见》，重金属污染物排放符合国家和地方要求，未对周边人群健康和生态环境造成严重影响。

（2）根据生产企业行业性质以及在生产过程中使用的原辅料情况，判断企业生产过程中是否有重金属污染物产生，进行现场勘查重金属污染物处理工艺及排放情况。说明是否按《关于加强重金属污染物防治工作的指导意见》要求建立特征污染物日监测制度，每月向当地环保部门报告监测结果，安装重金属污染物在线监测装置并与环保部门联网。建立企业环境信息公开制度，向社会发布年度环境报告书，公布重金属污染物排放和环境管理等情况。

第六部分

环保核查技术报告有关要求

47. 什么是环保核查报告的分报告和总报告？

上市公司上市和再融资的环保核查报告可包括总报告和分报告，分报告对每个核查企业的总体工程、环境概况和逐条核查内容进行较为详尽地叙述，总报告应逐条对每个企业的环保核查结果进行汇总说明，要具有高度的总结性。

环境保护技术报告编制应逐一地对申请核查的企业下属各从事生产经营的企业进行现场核实，对在现场期间收集的各方面信息进行一致性分析。

总报告和每份分报告思路和格式统一、内容全面而简洁、条理清晰、核查的问题及整改措施合理、结论明确。

48. 技术报告的章节如何设置？

总论

上市公司及下属核查企业的基本情况

上轮环保核查的问题与回顾

环境影响评价与“三同时”制度的执行情况

排污申报、排污许可证与排污缴费情况

主要污染物总量减排情况

污染物排放稳定达标情况

工业固体废物和危险废物安全处置率

环保设施稳定运行情况

产品及生产中所涉及物质与产业政策、环保政策的符合情况

环境管理制度与环境风险预案落实情况

遵守环保法律法规的情况

企业环保信息公开的情况

环境管理改进的意见与建议

结论性意见

附件与附图

49. 技术报告的总体要求

技术报告条例要清楚：内容要一致，避免出现内容

前后矛盾；对企业存在的问题描述要清楚，讲问题要讲透；要对企业已完成和正在开展和计划开展的整改情况做说明；要有明确结论。

50. 附件与附图应包括哪些方面？

（1）环评和“三同时”验收审批文件；

（2）排污许可证，或相关证明文件；

（3）总量控制指标来源文件、总量减排任务书或无减排任务证明；

（4）污染源监测报告；

（5）委托综合利用固废，委托或自行处置危险废物经营许可证复印件和接受处置的协议书复印件，危险废物转移联单；

（6）能够证明环保设备稳定运行的文件和照片；

（7）当地环保部门出具的核查企业是否受过环保行政处罚、是否发生过环境纠纷、以及发生过针对企业的环保诉求信访或上访、以及其他环保违法违规行为证明文件，发生过环境污染事故相关政府部门处理结论的文件；

（8）企业持续改进的承诺；

（9）需要特别说明的问题和其它必要的证明文件等。

51. 核查报告中需要提供哪些照片？

全景照片；

生产线全景照片；

主要污染防治设施照片；

污染物排放口标识照片；

周边敏感目标照片；

检查运行设施、查看运行记录照片；

需要进行公众参与的项目，进行公参的照片；

周边关系照片；

其他。

第七部分

需要地方环保部门开具的证明文件

52. 市级以上环保部门出具的核查企业核查时段内的守法证明文件都有哪些？

市级以上环保部门出具的核查企业核查时段内的守法证明文件包括四方面内容：

（1）是否受过环保行政处罚；

（2）有无重特大环境污染事故；

（3）是否发生过环境纠纷、以及发生过针对企业的环保诉求信访或上访；

（4）其他环保违法违规行为。

注：如企业存在上述违法违规情况的，应详细说明情况的起因、环保局下达的要求、企业采取的处理措施以及最终的处理结果，要附相关政府部门处理结论的文件。

53. 市级以上环保部门出具的其他证明文件？

（1）市级环保部门给企业下达的污染物总量减排指标，企业采取的污染物总量减排工程措施和环境保护部门的确认函件；

（2）由国家环保部审批的核查项目，需要省级环保部门出具上市公司在本省内企业的核查初步意见；

（3）企业所在地未实行排污许可证和申报登记的说明；

（4）需要特别说明的问题和其它必要的证明文件等。

第八部分
实际环保核查工作中可能存在问题的处理

54. 对企业基本情况的描述和问题的说明中需要注意什么？

对企业基本情况的描述要清晰，并要有针对性地对一些问题作详细说明。一般情况下，按照清单中的要求对企业发展沿革、厂区周边情况、基本生产情况和生产工艺、主要生产设备、主要产品、产量和原材料消耗情况，主要环保设备及工艺等进行描述即可。

确认各企业是否为国家重点监控企业，如是，则核查是否符合有关要求；有的企业，存在特殊情况，就需要在技术报告中进行特别的说明。例如：存在厂界噪声超标的，应将厂界四邻情况讲清楚。

55. 现场考察中路线选择应注意什么？

一定要按照既定的现场考察内容，逐一查看，不能任凭企业安排查看路线。

56. 新、改、扩建工程“环境影响评价”和“三同时”制度执行情况的环保核查中存在哪些常见问题？

环评制度执行上可能存在的问题：越权审批、拆分项目和未批先建；

“三同时”制度执行情况上可能存在问题：环保设施没能同步建设或同步投入使用，存在久试未验；

对环评批复中尚未落实的环保要求，要看竣工验收意见对此问题的意见，如验收未提及，则核查中仅给予披露；

对竣工验收中尚未落实的环保要求，要求企业积极整改，进行落实，如在短期内无法落实的需要企业给出整改时间表。

57. 排污申报登记和排污许可证核查中存在哪些常见问题？

常见的问题是缴费单据不全；有的企业存在缴纳超标排污费的情况，在缴费统计中，单独统计。

58. COD 和 SO_2 两项主要污染物总量和减排要求核查需要注意什么？

总量控制指标的执行应首先说明。

对于未完成减排任务的企业，要制定可行的总量减排计划。

要根据企业污染源监测数据、燃料消耗量等数据，认真核算企业污染物排放总量控制情况。

59. 核查污染物排放稳定达标的常见问题及对策?

监测数据不全，不能提供核查时段内有效的监测报告，视同未能实现污染物排放稳定达标;

监测数据超标，需向企业进一步了解，如果是偶发的超标，分析超标原因，在企业环境管理中提出相应管理要求;对于由于环保设备不能满足要求造成的超标，需要企业对现有的环保设备进行整改，提出整改方案并承诺整改完成时间。

60. 核查工业固体废物和危险废物安全处置情况的常见问题及对策?

危险废物在企业内部临时存贮场地不符合环保要求，要求企业按照危险废物存贮要求进行整改;

查看签订的处置协议，判断处置单位是否具有处置能力和资质，防止出现污染转移，或协议不执行;

危险废物处置问题，要认真核查企业危险废物临时处置场所及控制措施;

请查看企业提供的核查期间各年度的固体废物产生种类、产生量及综合利用和安全处置措施；

根据核查期各年度固体废物产生量的变化，分析变化量是否与产量变化相吻合，核查其产生量及处置量是否基本准确；

通过行业产品生产判断危险废物种类。

61．核查环保设备稳定运转率的常见问题及对策？

查看运行台账记录，根据运行台账的记录统计环保设备的同步运转率。

结合污染物达标排放监测数据、了解环保设备的运行特点、现场考察中观察排放口的情况等其他相关内容进行综合判断。

现场核查环保设施的配套建设是否齐全、运行是否正常、净化效果是否满足环保要求、环保设施是否与主体生产设施同步运行等。

现场核查各排污口标志牌、采样孔、采样平台的设置情况，固体废物临时储存场所和主要噪声源的标志牌设置情况，以及在线监测设施的安装及运行情况等。

排放口及固体废物贮存堆场标志应按标准设置：环境保护图形标志——排放口（源）（GB 15562.1—1995），环境保护图形标志——固体废物贮存（处置）场）（GB

15562.2—1995）。

62．如何判定产品、副产品及生产过程中是否含有或使用法律法规和国际公约禁用的物质？

《中国禁止或严格限制的有毒化学品名录》（第一批）、（第二批）；

经修正的关于消耗臭氧层物质的蒙特利尔议定书；

关于持久性有机污染物的斯德哥尔摩公约；

保护臭氧层维也纳公约。

63．企业生产设施的产业政策符合性需要核查哪些方面？

使用的工艺、运行的生产设施符合产业政策、环保政策；是否存在《产业结构调整指导目录(2005 年本)》中限制类（募投项目），淘汰类（现有生产线），同时考虑核查企业所属行业近年颁布的一些要求。

例如：水泥行业，还应考虑：

《关于贯彻执行国务院办公厅转发发展改革委等部门关于制止钢铁电解铝水泥行业盲目投资若干意见的紧急通知》（环发[2004]12 号）；

《印发关于加快水泥工业结构调整的若干意见的通知》（国家发展改革委等 8 部门，发改运行[2006]609 号）；

《水泥工业产业发展政策》，国家发展和改革委员会，2006.10.17；

《国家发展改革委关于印发水泥工业发展专项规划的通知》（国家发展改革委，发改工业[2006]2222 号）

对企业生产设施的产业政策符合性要进行认真的核查。

64. 核查企业如何应对存在问题？

根据核查中反映的问题，企业应提供一份存在问题的汇总统计及带时间表的整改计划承诺书。

第九部分

案　例

案例 1——某水泥公司环保核查资料清单

1．核查企业介绍企业基本情况

提供企业基本情况的文字介绍（文本或电子版）：

a．内容包括：

企业名称、注册地址、与总公司的权益关系、办公地址、通讯地址、法定代表人、联系人、联系电话、传真、是否为“国家环境友好企业”（提供证件的复印件）。

b. 企业介绍：

企业发展历史沿革，生产规模，各条生产线的建设运行情况，及“三同时”实施情况说明，企业周边环境概况（包括矿山及工厂）。

c. 近三年企业生产运行情况：

矿山爆破方法、石灰石运输方法，近三年石灰石开采量，近三年熟料产量与主要原辅料的使用量及产品产量（包括石灰石、黏土、粉煤灰、砂岩、电、热、水等主要原辅料的消耗量，以及产品产量）。

（1）新、改、扩建工程“环境影响评价”和“三同时”执行情况

施工起始及完成时间，工程投入试运行时间，申请竣工验收时间；

各核查企业各期新建、扩建、改建工程项目（或各条生产线）的环境影响报告书（表）及批复文件；

各期工程（或各条生产线）的竣工环境保护验收监测报告、申请报告和审查意见；

熟料基地：植被恢复规划设计与矿山开采设计报告（提供封面、证书页、编写人员页的复印件），植被恢复施工起始时间，矿山开采起始时间；

现场需察看除尘、降噪、污水处理、堆石场、矿山开采期间及采空后的复垦及植被恢复，以及环评批复、竣工环保验收意见提出的环保要求等的实际落实情况。

（2）查阅核查时段内企业的排污申报登记并领取排污许可证，达到排污许可证的要求

核查时段内企业的排污申报登记文件、排污许可证（复印件）；

核查时段内各年度企业实际污染物排放量；

核查时段内企业缴纳排污费情况：缴款通知书、缴款收据（或电子转账凭证）、排污费征收机构；

对于未按时足额缴纳排污费的，详细说明原因。

（3）环境保护部门对企业的 COD 和 SO_2 两项主要污染物总量减排的要求情况

核查时段内各年度 COD、SO_2 的年实际排放量；

环保部门给企业下达的污染物总量减排指标，企业采取的污染物总量减排工程措施和环境保护部门的确认函件，并提供各省环保局出具的“十一五”期间分配给核查企业减排任务的文件（复印件）；

未完成减排任务的，须说明原因，以及实现减排任务的计划；

未被分配总量减排任务的企业，须出具地方环保部门的证明文件。

（4）污染物排放稳定达到国家或地方规定的排放标准

各核查企业污染物排放执行的标准，包括大气污染物排放标准、污水排放标准、厂界噪声控制标准、固体废物控制标准；

企业各主要产物环节，及其污染物名称、排放情况，周边主要环保目标（噪声、地表水等）；

各年度监测报告；

如不能提供定期监测报告，需提供其他符合环保要求的有效监测数据；

地市级环保监测站对企业进行的“三同时”验收监测数据；

核查企业在线监测数据统计结果；

现场察看污染源自动监控系统和排放口；

不能提供上述数据的，视同未能实现污染物排放稳定达标。

（5）工业固体废物和危险废物安全处置情况

核查时段内企业工业固废的年产生量、综合利用量、安全处置方法及处置量，交由外单位处置和综合利用的须提供处置协议复印件；

废土石堆场采取的环保措施说明；

各核查企业是否产生危险废物，如果有则请提供危废的年产生量、回收量、处置量及处置去向，并查阅处置协议和危险废物转运五联单复印件。

（6）环保设施稳定运转率

文字说明：企业主要环保设施的名称、型号、主要设计参数、工艺、处理能力、处理效率；

核查时段内企业环保设施的运行、维修记录（如企业环保设施运行台账），以便计算环保设施稳定运转率；

对于环保设施不能正常运转、或未能达到设计要求的，应详细说明原因、以及正在采取的工程措施。

（7）产品、副产品及生产过程中不含有或使用法律法规和国际公约禁用的物质

企业在生产过程中使用的原料、辅料、产品和副产品的名称清单。

（8）使用的工艺、运行的生产设施符合产业政策、环保政策

现有生产设施运行状况（正常运行、试生产、在建），工艺流程简述，主要生产设备及参数，主要环保设施的型号、设计参数。

（9）有健全的企业环境管理机构和管理制度，生产和经营过程中环境风险较大的企业，应有完善的环境风险应急预案和相应的应急设施和装备

企业制定和采取的环境管理制度、环境管理机构、环境管理人员、环保档案管理情况、有无设置环境监测站等；

炸药库的环境风险预案、主要环境风险应急设施、重大环境风险事故与处理情况。

（10）模范遵守环境保护的法律法规

市级以上环保部门出具的企业是否有环保行政处罚、重特大环境污染事故、环保诉求、信访、上访事件、其他环保违法违规行为的证明文件，如有，须对出现上

述违法违规情况进行详细说明，并说明处理结果。

（11）其它情况

企业建设时在卫生防护距离范围内是否有移民搬迁的要求，如有，需提供移民搬迁计划执行情况；

所在地省市地级环保局在环保核查时段发布的与水泥厂相关的环保要求或批复文件。

案例 2——某水泥公司现场核查清单

1. 矿山

采空区的生态复垦及植被恢复，是否覆土绿化；

是否曾经设置废石场，对废弃的废石场生态恢复措施，如覆土绿化，边坡绿化；

破碎机的收尘设备；

装卸设施的抑尘措施，如卸料槽是否装有喷水网；

矿区的污水收集和处理设施和矿区排水系统；

炸药库与周边村庄的位置关系，相关炸药库的环境风险预案；

与周围敏感点的相对关系；

环评报告、环评批复、竣工验收中提出其他环保措施执行情况。

2. 熟料厂

破碎系统、生料准备、煅烧系统、粉磨系统的除尘设备运行情况；隔声装置；

污水处理设施是否有，运转情况、总排水口；

料场的抑尘措施；

在线监测系统运行情况；

厂区周边声环境敏感点的分布情况；

查看环保设施运行的记录表单；

环评报告、环评批复、竣工验收中提出其他环保措施执行情况。

3. 粉磨站

粉磨系统的除尘设备运行情况、隔声装置；

烘干锅炉的除尘、脱硫设施运行情况；

污水处理设施是否有，运转情况、总排水口；

料场的抑尘措施；

厂区周边声环境敏感点的分布情况；

查看环保设施运行的记录表单；

环评报告、环评批复、竣工验收中提出其他环保措施执行情况。

附　录

附录 1：《关于对申请上市的企业和申请再融资的上市企业进行环境保护核查的通知》（环发[2003]101 号），原国家环境保护总局，2003.06.16；

附录 2：《关于进一步规范重污染行业生产经营公司申请上市或再融资环境保护核查工作的通知》（环办[2007]105 号），国家环境保护总局办公厅，2007.8.13；

附录 3：《首次申请上市或再融资的上市公司环境保护核查工作指南》，国家环境保护总局，2007.09.27；

附录 4：《关于加强上市公司环境保护监督管理工作的指导意见》（环发[2008]24 号），国家环境保护总局，2008.02.22；

附录 5：《关于印发<上市公司环保核查行业分类管理名录>的通知》（环办函[2008]373 号），环境保护部办公厅函，2008.6.24；

附录 6：《关于贯彻执行国务院办公厅转发发展改革委等部门关于制止钢铁电解铝水泥行业盲目投资若干

意见的紧急通知》（环发[2004]12 号），原国家环境保护总局，2004.1.17；

附录 7：《关于重污染行业生产经营公司 IPO 申请申报文件的通知》(监管函[2008]6 号)，中国证券监督管理委员会，2008.10.12。

附录 8：《环境信息公开办法（试行）》（原国家环境保护总局令 第 35 号），2007.4.11；

附录 9：中国证监会在其他文件中对上市环保核查的要求。

附录 1

国家环境保护总局文件

环发[2003]101 号

关于对申请上市的企业和申请再融资的上市企业进行环境保护核查的通知

各省、自治区、直辖市环境保护局（厅）：

为督促重污染行业上市企业认真执行国家环境保护法律、法规和政策，避免上市企业因环境污染问题带来投资风险，调控社会募集资金投资方向，根据中国证券监督管理委员会对上市公司环境保护核查的相关规定，我局特制定《关于对申请上市的企业和申请再融资的上市企业进行环境保护核查的规定》。原《关于做好上市公司环保情况核查工作的通知》（环发[2001]156 号）同时作废。

现将此规定印发给你们，请认真遵照执行。

附件：关于对申请上市的企业和申请再融资的上市

企业进行环境保护核查的规定

国家环境保护总局

二〇〇三年六月十六日

附件：

关于对申请上市的企业和申请再融资的上市企业进行环境保护核查的规定

为督促重污染行业上市企业严格执行国家环境保护法律、法规和政策，避免上市企业因环境污染问题带来投资风险，调控社会募集资金投资方向，指导各级环保部门核查申请上市企业和上市企业再融资工作，特制定本规定。

一、核查对象

（一）重污染行业申请上市的企业；

（二）申请再融资的上市企业，再融资募集资金投资于重污染行业。

重污染行业暂定为：冶金、化工、石化、煤炭、火电、建材、造纸、酿造、制药、发酵、纺织、制革和采矿业。

二、核查内容和要求

（一）申请上市的企业

1．排放的主要污染物达到国家或地方规定的排放标准；

2．依法领取排污许可证，并达到排污许可证的要求；

3．企业单位主要产品主要污染物排放量达到国内同行业先进水平；

4．工业固体废物和危险废物安全处置率均达到100%；

5．新、改、扩建项目“环境影响评价”和“三同时”制度执行率达到100%，并经环保部门验收合格；

6．环保设施稳定运转率达到95%以上；

7．按规定缴纳排污费；

8．产品及其生产过程中不含有或使用国家法律、法规、标准中禁用的物质以及我国签署的国际公约中禁用的物质。

（二）申请再融资的上市企业

除符合上述对申请上市企业的要求外，还应核查以下内容：

1．募集资金投向不造成现实的和潜在的环境影响；

2．募集资金投向有利于改善环境质量；

3．募集资金投向不属于国家明令淘汰落后生产能力、工艺和产品，有利于促进产业结构调整。

三、核查程序

申请上市的企业和申请再融资的上市企业应向登记所在地省级环保行政主管部门提出核查申请，并申报以下基本材料：（一）企业（含本企业紧密型成员单位）基本情况；（二）报中国证券监督管理委员会待批准的上市方案或再融资方案；（三）证明符合本规定第三条的相关文件；（四）企业登记所在地省级环保行政主管部门要求的其他有关材料。

省级环境保护行政主管部门自受理企业核查申请之日起，于 30 个工作日内组织有关专家或委托有关机构对申请上市的企业和申请再融资的上市企业所提供的材料进行审查和现场核查，将核查结果在有关新闻媒体上公示 10 天，结合公示情况提出核查意见及建议，以局函的形式报送中国证券监督管理委员会，并抄报国家环保总局。

火力发电企业申请上市和申请再融资应由省级环保部门提出初步核查意见上报国家环保总局。国家环保总局组织核定后，将核定结果在总局政府网站上公示 10

天，结合公示情况提出核查意见及建议，以局函的形式报送中国证券监督管理委员会。

对于跨省从事重污染行业生产经营活动的申请上市企业和申请再融资的上市企业，其登记所在地省级环境保护行政主管部门应与有关省级环境保护行政主管部门进行协调，将核查意见及建议报国家环保总局，由国家环保总局报送中国证券监督管理委员会。

附录 2

国家环境保护总局办公厅文件

环办〔2007〕105 号

关于进一步规范重污染行业生产经营公司申请上市或再融资环境保护核查工作的通知

各省、自治区、直辖市环境保护局（厅）：

自 2003 年我局印发《关于对申请上市的企业和申请再融资的上市企业进行环境保护核查的规定》(环发〔2003〕101 号)以来，各地环保部门普遍开展了对重污染行业申请上市或再融资公司的环保核查工作，并取得较好的效果。为进一步规范跨省从事重污染行业申请上市或再融资公司的环保核查工作，现通知如下：

一、按照环发〔2003〕101 号文件和 2004 年印发的《关于贯彻执行国务院办公厅转发发展改革委等部门关于制止钢铁电解铝水泥行业盲目投资若干意见的紧急通知》（环发〔2004〕12 号）的规定，从事火力发电、钢铁、水泥、电解铝行业的公司和跨省从事环发〔2003〕101 号文件所列其他重污染行业生产经营公司的环保核查工作，由我局统一组织开展，并向中国证券监督管理委员会出具核查意见。

上述公司申请环保核查的，应向我局提出核查申请，提交环发〔2003〕101 号文件规定的有关资料及我局认为必要的其他材料，核查申请应同时抄报核查企业所在地省级环保局（厅）。我局按规定程序组织开展核查工作，相关省级环保局（厅）应向我局出具审核意见。

二、需核查企业的范围暂定为：申请环保核查公司的分公司、全资子公司和控股子公司下辖的从事环发〔2003〕101 号文件所列重污染行业生产经营的企业和利用募集资金从事重污染行业的生产经营企业。

三、核查工作完成后，由我局统一进行公示，在我局网站和中国环境报上公示 10 天，同时在相关省级环保局（厅）、企业所在地地级及以上市级环保局的政府网站和地方主要媒体上公示 10 天。

国家环境保护总局

二〇〇七年八月十三日

附录 3

首次申请上市或再融资的上市公司环境保护核查工作指南

2007-09-27

根据国家环保总局环发[2003]101 号文件和环办[2007]105 号文件中有关内容制定本工作指南，仅供有关单位工作人员参考。此文中未涉及的内容均以总局文件为准。

一、上市公司申请环保核查需要提交的材料

凡是属于国家环保总局负责环保核查的申请上市公司和申请再融资上市公司（以下简称“上市公司”），应向国家环保总局提交以下申请材料，包括：

（1）申请环保核查的请示。

（2）申请上市或再融资的上市公司环境保护技术报告（以下简称“技术报告”）。

（3）报中国证监会待批准的招股说明书或上市公司公开发行证券方案。

（4）证明符合环发[2003]101 号文件规定的有关资料及环保总局认为必要的其他材料。

凡属于由国家环保总局负责环保核查的上市公司，应委托有国家环保总局认可的相关环境保护资质、具有独立法人资格的第三方机构编制技术报告，技术报告应附委托合同和编写机构有效资质证书的复印件。

二、环境保护技术报告编制要求

1. 新、改、扩建工程“环境影响评价”和“三同时”执行情况。

（1）核查时段内新、改、扩建设项目依法执行环评审批和“三同时”竣工验收手续（附环评批复文件和竣工验收批准文件）。

（2）环境影响报告书（表）和环保审批文件中规定的环境监测计划和其他环保要求的执行情况（以列表的方式，按环境介质逐一列出环境监测内容、及其他环保要求，根据现场核查结果说明执行情况）。

（3）对于未达到环评执行率 100%的，详细说明实际情况。对于未达到“三同时”竣工验收执行率 100%、以及未按要求开展环境监测的，应提出整改意见，并附整改方案。

2. 依法进行排污申报登记并领取排污许可证，达到排污许可证的要求。按规定缴纳排污费。

核查连续 36 个月排污申报登记、排污许可证，连续依法缴纳排污费的情况（附排污申报登记文件、排污许可证复印件、排污缴费通知单和缴费收据复印件）。未实行排污许可的地区，应予以说明。

3．环境保护部门对企业的 COD 和 SO_2 两项主要污染物总量减排的要求得到落实。

说明环境保护部门对企业的 COD 和 SO_2 两项主要污染物总量减排的要求，企业落实主要污染物总量减排的情况，附污染物总量减排工程措施（未被分配 COD 和 SO_2 两项主要污染物总量减排任务的企业除外）和环境保护部门的确认函件。

4．污染物排放稳定达到国家或地方规定的排放标准。

（1）现场调查污染源，并对污染源自动监控系统和排放口的规范化进行确认。

（2）依据所在地地市级以上环境监测部门的定期监测报告、在线监测数据、验收监测数据以及其他符合环保总局和省级环保部门有关规定的有效的监测数据，分年度评价核查时段的各污染源排放达标情况（定期监测数据与在线监测数据对达标评价结果不一致时，应取定期监测数据评价结果）。

（3）对于自动监测系统不能正常运转、排放口不规范、环保设施运转但不能稳定达标的情况，应详细说明原因、以及正在采取的工程措施，并附整改措施或方案。

5. 工业固体废物和危险废物依法处理处置情况。

（1）一般工业固体废物和危险废物的类型、数量、贮存和处理处置方法。

（2）配备填埋场的，应说明填埋场配套环保设施完备情况。

（3）有焚烧处理装置的，应说明尾气处理设施运行情况。

（4）对于有控制距离要求的固废处置设施，应说明周边的环境条件，并确认是否符合要求。

（5）对处置方式不符合环境保护要求的，应附整改措施或方案。

6. 环保设施稳定运转情况。

（1）根据核查时段内环保设施的运行、维修记录，现场确认环保设施的完备并与生产设施同时正常运行。

（2）确认环保设施的工艺、设计和实际处理能力、设计和实际处理效率；确认环保设施处于稳定运行、达标排放状态。

（3）对于环保设施不能正常运转、或未能达到设计要求的，应详细说明原因、以及正在采取的工程措施。

7．产品、副产品及生产过程中不含有或使用法律法规和国际公约禁用的物质。

（1）生产过程中使用的原料、辅料、产品和副产品清单，确认不含有或未使用国家法律、法规、标准中禁用的物质，以及我国签署的国际公约中禁用的物质。

（2）说明现有使用的工艺、运行的生产设施是否有属于国家明令取缔或淘汰的工艺、装置。

（3）说明融资投向项目（包括在建项目）与现行环境保护法律法规、政策等相关环保要求的相符性。

8．有健全的企业环境管理机构和管理制度。

（1）企业环境管理机构、企业环境管理制度和环保档案管理情况。

（2）对生产和经营过程中存在较大环境风险的企业（如石油、化工类企业），应有环境事故应急预案、相应的应急设施和装备；说明在环保核查时段内是否发生过重、特大环境污染事故及其处理情况。

（3）对于环境管理机构、环境管理制度、环保档案不完备的，应提出整改措施。

（4）应急预案、应急设施和装备未满足要求的受核查企业应提出整改措施和方案。

9．模范遵守环境保护的法律法规。

（1）是否受过环保行政处罚，是否存在环境纠纷、环保诉求信访或上访，以及其他环保违法违规行为。

（2）对出现上述违法违规情况者，应详细说明处理结果，并附相关材料。

三、省级环保局（厅）审查意见

向国家环保总局提交环保核查申请的企业，应将核查申请及其技术报告同时抄报需核查企业所在地省级环保局（厅）。相关省级环保局（厅）应向国家环保总局出具对相应企业的环保审查意见。审查意见应重点对以上九个方面逐条提出意见，并提出对企业环境行为的改进意见和建议。

四、核查时段

对申请上市的公司进行环保核查的时段为申请上市环保核查前连续 36 个月。对申请再融资的上市公司，如属首次进行环保核查的，核查时段为申请环保核查前连续 36 个月；如属再次进行环保核查的，核查时段应按接续上一次环保核查时段确定。

通过上市环保核查的公司，在通过核查的同一日历年度内因再融资再次申请环保核查的，可不再委托第三方编制技术报告，由公司自行补充提交相关证明材料。

附录 4

关于加强上市公司环境保护监督管理工作的指导意见

环发〔2008〕24 号

各省、自治区、直辖市环保局（厅），副省级城市环保局，新疆生产建设兵团环保局，中国人民解放军环保局：

为贯彻落实《国务院关于落实科学发展观加强环境保护的决定》（国发〔2005〕39 号）关于企业应当公开环境信息和《国务院关于印发节能减排综合性工作方案的通知》（国发〔2007〕15 号）关于加强上市公司环保核查的要求，按照《环境信息公开办法（试行）》（国家环保总局令第 35 号）、《关于对申请上市的企业和申请再融资的上市企业进行环境保护核查的通知》（环发〔2003〕101 号）、《关于进一步规范重污染行业生产经营公司申请上市或再融资环境保护核查工作的通知》（环办〔2007〕105 号），以及《上市公司信息披露管理办法》（中国证券监督管理委员会令第 40 号）、《关于重污染行业生产经营公司 IPO 申请申报文件的通知》(中国证券监督管理委员会发行监管函〔2008〕6号)等规定，引导上市公司积极履行保护环境的社会责任，促进上市公司持续改进环境表现，争做资源节约型和环境友好型的表率，现提出以下意见：

一、进一步完善和加强上市公司环保核查制度

国家环保总局自2001年以来，开展了重污染行业上市公司的环保核查工作，对于促进重污染行业上市公司遵守国家环保法律法规，降低因环境污染带来的投资风险等发挥了作用。

2007年，国家环保总局颁布实施了《关于进一步规范重污染行业生产经营公司申请上市或再融资环境保护核查工作的通知》（环办〔2007〕105号）以及《上市公司环境保护核查工作指南》，对从事火力发电、钢铁、水泥、电解铝行业的公司和跨省从事其他重污染行业生产经营公司明确了环保核查程序要求，进一步规范和推动了环保核查工作。地方各级环保部门也陆续开展了上市公司环保核查工作，收到了很好效果。

为进一步加强上市公司环保核查工作，国家环保总局将继续完善上市公司环保核查相关规定，严把上市公司环保核查关口，健全环保核查专家审议机制，加强对上市公司以及相关技术单位的培训，拓宽公众参与和社

会监督渠道，加大宣传力度。

省级环保部门要严格执行上市公司环保核查制度，做好辖区内由其负责核查的上市公司环保核查工作，并对国家环保总局负责核查的上市公司提供相关意见，同时建立上市环保核查工作档案。对于核查时段内严重违反国家环保法律法规和产业政策、发生重大环境污染事故且造成严重后果以及在核查过程中弄虚作假的上市公司，不得出具环保核查意见。对于核查中发现的问题，应督促企业按期整改。

省级环保部门要加强与证券监管机构的协调配合，建立信息通报机制，及时将上市公司环保核查相关情况通报给相关证券监管机构。

二、积极探索建立上市公司环境信息披露机制

为促进上市公司特别是重污染行业的上市公司真实、准确、完整、及时地披露相关环境信息，增强企业的社会责任感，国家环保总局将与中国证监会建立和完善上市公司环境监管的协调与信息通报机制。

国家环保总局将按照《环境信息公开办法（试行）》等有关规定，推进和监督上市公司公开环境信息。地方各级环保部门应当将未按规定披露环境信息的上市公司名单，逐级上报国家环保总局，同时依法严格保守公司

的商业秘密和技术秘密。

国家环保总局将按照上市公司环境信息通报机制，对未按规定公开环境信息的上市公司名单，及时、准确地通报中国证监会。由中国证监会按照《上市公司信息披露办法》的规定予以处理。

上市公司的环境信息披露，分为强制公开和自愿公开两种形式。

发生可能对上市公司证券及衍生品种交易价格产生较大影响且与环境保护相关的重大事件，投资者尚未得知时，上市公司应当立即披露，说明事件的起因、目前的状态和可能产生的影响。“重大事件”主要包括：

——新公布的环境法律、法规、规章、行业政策可能对公司产生重大影响的；

——公司因为环境违法违规被环保部门调查，或者受到刑事处罚、重大行政处罚的；

——公司有新、改、扩建具有重大环境影响的建设项目等重大投资行为的；

——由于环境保护方面的原因，公司被有关人民政府或者有关部门决定限期治理或者停产、搬迁、关闭的；

——公司由于环境问题涉及重大诉讼或者主要资产被查封、扣押、冻结或者被抵押、质押的；

——《环境信息公开办法（试行）》规定并可能对

上市公司证券及衍生品种交易价格产生较大影响的其他有关环境的重大事件。

广大股民、媒体和社会各界有权举报上市公司未按规定披露环境信息的行为。

国家鼓励上市公司定期自愿披露其他环境信息，推动企业主动承担社会环境责任。

国家环保总局将与证监会探索进一步完善上市公司环境信息披露的监管机制。

三、开展上市公司环境绩效评估研究与试点

国家环保总局将探索建立上市公司环境绩效评估制度，组织研究上市公司环境绩效评估指标体系，选择比较成熟的板块或高耗能、重污染行业适时开展上市公司环境绩效评估试点，建立上市公司环境绩效评估信息系统，编制并公开发布上市公司年度环境绩效指数及综合排名，为广大股民、投资机构提供上市公司环境绩效的“大盘”信息，营造广大股民和媒体对上市公司开展“绿色监督”的社会氛围。

四、加大对上市公司遵守环保法规的监督检查力度

地方各级环保部门要切实加强对上市公司特别是重污染行业上市公司遵守环保法律法规的监督检查。要保

证对上市公司巡查和监督性监测频次，督促其污染治理设施正常运行，污染物排放稳定达标。要按照《环境信息公开办法（试行）》，及时向社会公开对上市公司的环境行政处罚情况；公开拒不执行环境行政处罚决定、超标或超总量排放污染物、发生重大或特大环境污染事件的上市公司名单等信息。

国家环境保护总局

二〇〇八年二月二十二日

附录 5

关于印发《上市公司环保核查行业分类管理名录》的通知

环办函〔2008〕373 号

各省、自治区、直辖市环境保护局（厅），全军环办、新疆生产建设兵团环境保护局：

根据《关于对申请上市的企业和申请再融资的上市企业进行环境保护核查的通知》（环发〔2003〕101 号）与《关于进一步规范重污染行业生产经营公司申请上市或再融资环境保护核查工作的通知》(环发〔2007〕105 号)的规定，为进一步细化环保核查重污染行业分类，我部制定了《上市公司环境保护核查行业分类管理名录》（以下简称《管理名录》)，《管理名录》中未包含的类型暂不列入核查范围，现将该《管理名录》印发你们，请遵照执行。

附件：上市公司环保核查行业分类管理名录

二〇〇八年六月二十四日

附件：

上市公司环保核查行业分类管理名录

行业类别	类型
1．火电	火力发电（含热电、矸石综合利用发电、垃圾发电）
2．钢铁	炼铁（含熔融和还原）
	球团及烧结
	炼钢
	铁合金冶炼
	钢压延加工
	焦化
3．水泥	水泥制造（含熟料制造）
4．电解铝	包括全部规模、全过程生产
5．煤炭	煤炭开采及洗选
	煤炭地下气化
	煤化工（煤制油、煤制气、煤制甲醇或二甲醚等）

行业类别	类　型
6．冶金	有色金属冶炼（常用有色金属、贵金属、稀土金属、其它稀有金属冶炼）
	有色金属合金制造
	废金属冶炼
	有色金属压延加工
	金属表面处理及热处理加工（电镀；使用有机涂层，热镀锌（有钝化）工艺）
7．建材	玻璃及玻璃制品制造
	玻璃纤维及玻璃纤维增强塑料制品制造
	陶瓷制品制造
	石棉制品制造；耐火陶瓷制品及其他耐火材料制造
	石墨及碳素制品制造
8．采矿	石油开采
	天然气开采
	非金属矿采选（化学矿采选；石灰石、石膏开采；建筑装饰用石开采；耐火土石开采；黏土及其他土砂石开采；采盐；石棉、云母矿采选；石墨、滑石采选；宝石、玉石开采）
	黑色金属矿采选
	有色金属矿采选（常用有色金属、贵金属、稀土金属、其它稀有金属采选）
9．化工	基础化学原料制造（无机酸制造、无机碱制造、无机盐制造、有机化学原料制造、其他基础化学原料制造）

行业类别	类　型
9．化工	肥料制造（氮肥制造、磷肥制造、钾肥制造、复混肥料制造、有机肥料及微生物肥料制造、其他肥料制造）
	涂料、染料、颜料、油墨及其它类似产品制造
	合成材料制造（初级型态的塑料及合成树脂制造、合成橡胶制造、合成纤维单（聚合）体的制造、其他合成材料制造）
	专用化学品制造（化学试剂和助剂制造、专项化学用品制造、林产化学产品制造、炸药及火工产品制造、信息化学品制造、环境污染处理专用药剂材料制造、动物胶制造、其他专用化学产品制造）
	化学农药制造、生物化学农药及微生物农药制造（含中间体）
	日用化学产品制造（肥皂及合成洗涤剂制造、化妆品制造、口腔清洁用品制造、香料香精制造、其他日用化学产品制造）
	橡胶加工
	轮胎制造、再生橡胶制造
10．石化	原油加工
	天然气加工
	石油制品生产（包括乙烯及其下游产品生产）
	油母页岩中提炼原油
	生物制油
11．制药	化学药品制造（含中间体）
	化学药品制剂制造

行业类别		类　型
11．制药		生物、生化制品的制造
		中成药制造
12．轻工	酿造	酒类及饮料制造（酒精制造、白酒制造、啤酒制造、黄酒制造、葡萄酒制造、其他酒制造； 碳酸饮料制造、瓶（罐）装饮用水制造、果菜汁及果菜汁饮料制造、含乳饮料和植物蛋白饮料制造、固体饮料制造、茶饮料及其他软饮料制造；精制茶加工）
	造纸	纸浆制造（含浆纸林建设）
		造纸（含废纸造纸）
	发酵	调味品制造（味精、柠檬酸、氨基酸制造等）
		有发酵工艺的粮食、饲料加工
		制糖
		植物油加工
13．纺织		化学纤维制造
		棉、化纤纺织及印染精加工
		毛纺织和染整精加工
		丝绢纺织及精加工
		化纤浆粕制造
		棉浆粕制造
14．制革		皮革鞣制加工
		毛皮鞣制及制品加工

附录 6

国家环境保护总局文件

环发[2004]12 号

关于贯彻执行国务院办公厅转发发展改革委等部门关于制止钢铁电解铝水泥行业盲目投资若干意见的紧急通知

各省、自治区、直辖市环境保护局（厅）：

为贯彻执行《国务院办公厅转发发展改革委等部门关于制止钢铁电解铝水泥行业盲目投资若干意见的通知》（国办发[2003]103 号）（以下简称“国办通知”）的要求，现紧急通知如下：

一、各省、自治区、直辖市环保局（厅）要立即组织力量对现有钢铁、电解铝和水泥生产企业的污染物排放情况按照污染物排放标准和排污总量控制指标逐一检查，将达不到排放标准或排污总量控制指标的生产企业名单于 2004 年 3 月 20 日前报送我局，我局拟于 2004

年 3 月底前首次向社会公布，以后定期公布环保不达标企业名单。各地要加强对以上生产企业的日常环境监督检查。

二、各省、自治区、直辖市环保局（厅）要立即组织力量对已建、在建、拟建钢铁、电解铝和水泥项目认真清理，按照“国办通知”要求，对未按规定程序报批环境影响报告书擅自开工建设的项目，在建的一律停建，投（试）产的一律停产，并依照有关法律法规进行处理。同时在省级主要新闻媒体上公开曝光。清理结果于 2004 年 2 月 20 日前报我局。

三、列入我局公布的环保不达标名单的企业，由所在地环保部门按国办通知”的要求，报当地人民政府责其限期治理。限期治理期间，按照达标排放和环保部门下达的污染物排放总量控制的要求限产限排，限期治理到期后仍然达不到要求的，必须停产整治。

四、各级环保部门要按照管理权限，对所有达到排放标准和排污总量控制指标的钢铁、电解铝和水泥生产企业发放排污许可证，对不达标企业在限期治理期间或新建项目试生产期间发放临时排污许可证。没有排污许可证的企业一律不准排污。

五、列入我局公布的环保不达标名单的企业，各地环保部门要强制实施清洁生产审核，并加强技术指导和监督清洁生产方案的实施。鼓励达标企业开展清洁生产，进一步削减污染物排放。

六、2004年底前，要求所有钢铁、电解铝和水泥行业省级重点污染企业安装符合国家规定的在线监控装置，与当地环保部门联网，并保证正常运行。经省级环保部门验收合格并正常运行的企业在线监控装置的监测数据，环保部门应当认可并作为环境监察依据。

七、自本通知发布之日起，各省、自治区、直辖市环保部门按照《关于对申请上市的企业和申请再融资的上市企业进行环境保护核查的通知》（环发[2003]101号）的规定，对钢铁、电解铝和水泥行业生产企业首次公开发行股票和再融资申请进行环境保护初步核查，并将初步核查意见及建议报我局核定。核定结果在我局网站上公示 10 天，我局结合公示情况提出核查终审意见后函告中国证券监督管理委员会。

国家环境保护总局

二〇〇四年一月十七日

附录 7

关于重污染行业生产经营公司 IPO 申请申报文件的通知

发行监管函[2008]6 号

各保荐人：

根据国家环保总局文件《关于对申请上市的企业和申请再融资的上市企业进行环境保护核查的规定》（环发[2003]101 号）和国家环保总局办公厅文件《关于进一步规范重污染行业生产经营公司申请上市或再融资环境保护核查工作的通知》（环发[2007]105 号）的相关规定和发行审核工作的实际情况，现对重污染行业生产经营公司首发申请受理工作的有关事项通知如下：

从事火力发电、钢铁、水泥、电解铝行业和跨省从事环发[2003]101 号文件所列其他重污染行业生产经营活动的企业申请首次公开发行股票的，申请文件中应当提供国家环保总局的核查意见，未取得相关意见的，不受理申请。

中国证券监督管理委员会发行监管部

二〇〇八年一月九日

附录 8

环境信息公开办法（试行）

国家环境保护总局令　第 35 号

《环境信息公开办法(试行)》已于 2007 年 2 月 8 日经国家环境保护总局 2007 年第一次局务会议通过，现予公布，自 2008 年 5 月 1 日起施行。

国家环境保护总局局长　周生贤

二〇〇七年四月十一日

环境信息公开办法（试行）

第一章　总　则

第一条　为了推进和规范环境保护行政主管部门（以下简称环保部门）以及企业公开环境信息，维护公民、法人和其他组织获取环境信息的权益，推动公众参与环境保护，依据《中华人民共和国政府信息公开条例》、《中华人民共和国清洁生产促进法》和《国务院关于落实科学发展观加强环境保护的决定》以及其他有关规定，制定本办法。

第二条 本办法所称环境信息，包括政府环境信息和企业环境信息。

政府环境信息，是指环保部门在履行环境保护职责中制作或者获取的，以一定形式记录、保存的信息。

企业环境信息，是指企业以一定形式记录、保存的，与企业经营活动产生的环境影响和企业环境行为有关的信息。

第三条 国家环境保护总局负责推进、指导、协调、监督全国的环境信息公开工作。

县级以上地方人民政府环保部门负责组织、协调、监督本行政区域内的环境信息公开工作。

第四条 环保部门应当遵循公正、公平、便民、客观的原则，及时、准确地公开政府环境信息。

企业应当按照自愿公开与强制性公开相结合的原则，及时、准确地公开企业环境信息。

第五条 公民、法人和其他组织可以向环保部门申请获取政府环境信息。

第六条 环保部门应当建立、健全环境信息公开制度。

国家环境保护总局由办公厅作为本部门政府环境信息公开工作的组织机构，各业务机构按职责分工做好本领域政府环境信息公开工作。

县级以上地方人民政府环保部门根据实际情况自行确定本部门政府环境信息公开工作的组织机构，负责组织实施本部门的政府环境信息公开工作。

环保部门负责政府环境信息公开工作的组织机构的具体职责是：

（一）组织制定本部门政府环境信息公开的规章制度、工作规则；

（二）组织协调本部门各业务机构的政府环境信息公开工作；

（三）组织维护和更新本部门公开的政府环境信息；

（四）监督考核本部门各业务机构政府环境信息公开工作；

（五）组织编制本部门政府环境信息公开指南、政府环境信息公开目录和政府环境信息公开工作年度报告；

（六）监督指导下级环保部门政府环境信息公开工作；

（七）监督本辖区企业环境信息公开工作；

（八）负责政府环境信息公开前的保密审查；

（九）本部门有关环境信息公开的其他职责。

第七条 公民、法人和其他组织使用公开的环境信息，不得损害国家利益、公共利益和他人的合法权益。

第八条 环保部门应当从人员、经费方面为本部门环境信息公开工作提供保障。

第九条 环保部门发布政府环境信息依照国家有关规定需要批准的，未经批准不得发布。

第十条 环保部门公开政府环境信息，不得危及国家安全、公共安全、经济安全和社会稳定。

第二章 政府环境信息公开

第一节 公开的范围

第十一条 环保部门应当在职责权限范围内向社会主动公开以下政府环境信息：

（一）环境保护法律、法规、规章、标准和其他规范性文件；

（二）环境保护规划；

（三）环境质量状况；

（四）环境统计和环境调查信息；

（五）突发环境事件的应急预案、预报、发生和处置等情况；

（六）主要污染物排放总量指标分配及落实情况，排污许可证发放情况，城市环境综合整治定量考核结果；

（七）大、中城市固体废物的种类、产生量、处置状况等信息；

（八）建设项目环境影响评价文件受理情况，受理的环境影响评价文件的审批结果和建设项目竣工环境保护验收结果，其他环境保护行政许可的项目、依据、条件、程序和结果；

（九）排污费征收的项目、依据、标准和程序，排污者应当缴纳的排污费数额、实际征收数额以及减免缓情况；

（十）环保行政事业性收费的项目、依据、标准和程序；

（十一）经调查核实的公众对环境问题或者对企业污染环境的信访、投诉案件及其处理结果；

（十二）环境行政处罚、行政复议、行政诉讼和实施行政强制措施的情况；

（十三）污染物排放超过国家或者地方排放标准，或者污染物排放总量超过地方人民政府核定的排放总量控制指标的污染严重的企业名单；

（十四）发生重大、特大环境污染事故或者事件的企业名单，拒不执行已生效的环境行政处罚决定的企业名单；

（十五）环境保护创建审批结果；

（十六）环保部门的机构设置、工作职责及其联系方式等情况；

（十七）法律、法规、规章规定应当公开的其他环境信息。

环保部门应当根据前款规定的范围编制本部门的政府环境信息公开目录。

第十二条 环保部门应当建立健全政府环境信息发布保密审查机制，明确审查的程序和责任。

环保部门在公开政府环境信息前，应当依照《中华人民共和国保守国家秘密法》以及其他法律、法规和国家有关规定进行审查。

环保部门不得公开涉及国家秘密、商业秘密、个人隐私的政府环境信息。但是，经权利人同意或者环保部门认为不公开可能对公共利益造成重大影响的涉及商业秘密、个人隐私的政府环境信息，可以予以公开。

环保部门对政府环境信息不能确定是否可以公开时，应当依照法律、法规和国家有关规定报有关主管部门或者同级保密工作部门确定。

第二节　公开的方式和程序

第十三条　环保部门应当将主动公开的政府环境信息，通过政府网站、公报、新闻发布会以及报刊、广播、电视等便于公众知晓的方式公开。

第十四条　属于主动公开范围的政府环境信息，环保部门应当自该环境信息形成或者变更之日起 20 个工作日内予以公开。法律、法规对政府环境信息公开的期限另有规定的，从其规定。

第十五条　环保部门应当编制、公布政府环境信息公开指南和政府环境信息公开目录，并及时更新。

政府环境信息公开指南，应当包括信息的分类、编排体系、获取方式，政府环境信息公开工作机构的名称、办公地址、办公时间、联系电话、传真号码、电子邮箱等内容。

政府环境信息公开目录，应当包括索引、信息名称、信息内容的概述、生成日期、公开时间等内容。

第十六条　公民、法人和其他组织依据本办法第五条规定申请环保部门提供政府环境信息的，应当采用信函、传真、电子邮件等书面形式；采取书面形式确有困难的，申请人可以口头提出，由环保部门政府环境信息公开工作机构代为填写政府环境信息公开申请。

政府环境信息公开申请应当包括下列内容：

（一）申请人的姓名或者名称、联系方式；

（二）申请公开的政府环境信息内容的具体描述；

（三）申请公开的政府环境信息的形式要求。

第十七条 对政府环境信息公开申请，环保部门应当根据下列情况分别作出答复：

（一）申请公开的信息属于公开范围的，应当告知申请人获取该政府环境信息的方式和途径；

（二）申请公开的信息属于不予公开范围的，应当告知申请人该政府环境信息不予公开并说明理由；

（三）依法不属于本部门公开或者该政府环境信息不存在的，应当告知申请人；对于能够确定该政府环境信息的公开机关的，应当告知申请人该行政机关的名称和联系方式；

（四）申请内容不明确的，应当告知申请人更改、补充申请。

第十八条 环保部门应当在收到申请之日起 15 个工作日内予以答复；不能在 15 个工作日内作出答复的，经政府环境信息公开工作机构负责人同意，可以适当延长答复期限，并书面告知申请人，延长答复的期限最长不得超过 15 个工作日。

第三章　企业环境信息公开

第十九条　国家鼓励企业自愿公开下列企业环境信息：

（一）企业环境保护方针、年度环境保护目标及成效；

（二）企业年度资源消耗总量；

（三）企业环保投资和环境技术开发情况；

（四）企业排放污染物种类、数量、浓度和去向；

（五）企业环保设施的建设和运行情况；

（六）企业在生产过程中产生的废物的处理、处置情况,废弃产品的回收、综合利用情况；

（七）与环保部门签订的改善环境行为的自愿协议；

（八）企业履行社会责任的情况；

（九）企业自愿公开的其他环境信息。

第二十条　列入本办法第十一条第一款第（十三）项名单的企业，应当向社会公开下列信息：

（一）企业名称、地址、法定代表人；

（二）主要污染物的名称、排放方式、排放浓度和总量、超标、超总量情况；

（三）企业环保设施的建设和运行情况；

（四）环境污染事故应急预案。

企业不得以保守商业秘密为借口，拒绝公开前款所列的环境信息。

第二十一条 依照本办法第二十条规定向社会公开环境信息的企业，应当在环保部门公布名单后 30 日内，在所在地主要媒体上公布其环境信息，并将向社会公开的环境信息报所在地环保部门备案。

环保部门有权对企业公布的环境信息进行核查。

第二十二条 依照本办法第十九条规定自愿公开环境信息的企业，可以将其环境信息通过媒体、互联网等方式，或者通过公布企业年度环境报告的形式向社会公开。

第二十三条 对自愿公开企业环境行为信息、且模范遵守环保法律法规的企业，环保部门可以给予下列奖励：

（一）在当地主要媒体公开表彰；

（二）依照国家有关规定优先安排环保专项资金项目；

（三）依照国家有关规定优先推荐清洁生产示范项目或者其他国家提供资金补助的示范项目；

（四）国家规定的其他奖励措施。

第四章 监督与责任

第二十四条 环保部门应当建立健全政府环境信息

公开工作考核制度、社会评议制度和责任追究制度，定期对政府环境信息公开工作进行考核、评议。

第二十五条 环保部门应当在每年 3 月 31 日前公布本部门的政府环境信息公开工作年度报告。

政府环境信息公开工作年度报告应当包括下列内容：

（一）环保部门主动公开政府环境信息的情况；

（二）环保部门依申请公开政府环境信息和不予公开政府环境信息的情况；

（三）因政府环境信息公开申请行政复议、提起行政诉讼的情况；

（四）政府环境信息公开工作存在的主要问题及改进情况；

（五）其他需要报告的事项。

第二十六条 公民、法人和其他组织认为环保部门不依法履行政府环境信息公开义务的，可以向上级环保部门举报。收到举报的环保部门应当督促下级环保部门依法履行政府环境信息公开义务。

公民、法人和其他组织认为环保部门在政府环境信息公开工作中的具体行政行为侵犯其合法权益的，可以依法申请行政复议或者提起行政诉讼。

第二十七条 环保部门违反本办法规定，有下列情形之一的，上一级环保部门应当责令其改正；情节严重的，对负有直接责任的主管人员和其他直接责任人员依法给予行政处分：

（一）不依法履行政府环境信息公开义务的；

（二）不及时更新政府环境信息内容、政府环境信息公开指南和政府环境信息公开目录的；

（三）在公开政府环境信息过程中违反规定收取费用的；

（四）通过其他组织、个人以有偿服务方式提供政府环境信息的；

（五）公开不应当公开的政府环境信息的；

（六）违反本办法规定的其他行为。

第二十八条 违反本办法第二十条规定，污染物排放超过国家或者地方排放标准，或者污染物排放总量超过地方人民政府核定的排放总量控制指标的污染严重的企业，不公布或者未按规定要求公布污染物排放情况的，由县级以上地方人民政府环保部门依据《中华人民共和国清洁生产促进法》的规定，处十万元以下罚款，并代为公布。

第五章 附 则

第二十九条 本办法自 2008 年 5 月 1 日起施行。

附录 9

中国证监会在其他有关文件中对上市环保核查的要求

一、《首次公开发行股票并上市管理办法》

1．第十一条　发行人的生产经营符合法律、行政法规和公司章程的规定，符合国家产业政策。

2．第二十五条　发行人不得有下列情形：

……

（一）最近 36 个月内违反工商、税收、土地、环保、海关以及其他法律、行政法规，受到行政处罚，且情节严重；

3．第四十条　募集资金投资项目应当符合国家产业政策、投资管理、环境保护、土地管理以及其他法律、法规和规章的规定。

二、《上市公司证券发行管理办法》

1．第九条：上市公司最近三十六个月内财务会计文件无虚假记载，且不存在下列重大违法行为：

……

（二）违反工商、税收、土地、环保、海关法律、行政法规或规章，受到行政处罚且情节严重，或者受到刑事处罚；

2．第十条 上市公司募集资金的数额和使用应当符合下列规定：

……

（二）募集资金用途符合国家产业政策和有关环境保护、土地管理等法律和行政法规的规定；

3．第四十六条 中国证监会依照下列程序审核发行证券的申请：

……

（二）中国证监会受理后，对申请文件进行初审；环保部门的证明此时提供，紧接着是预披露环节。

三、《公开发行证券的公司信息披露内容与格式准则第 9 号——首次公开发行股票并上市申请文件》

第九章 其他文件

9-4 发行人生产经营和募集资金投资项目符合环境保护要求的证明文件（重污染行业的发行人需提供省级环保部门出具的证明文件）。

四、《公开发行证券的公司信息披露内容与格式准则第 10 号——上市公司公开发行证券申请文件》

第五章 关于本次证券发行募集资金运用的文件

5-1 募集资金投资项目的审批、核准或备案文件